国家示范学校重点专业建设系列教材

建筑工程测量实训项目指导书

主 编 沙德杨 兰传喜

WUHAN UNIVERSITY PRESS
武汉大学出版社

U0682347

图书在版编目(CIP)数据

建筑工程测量实训项目指导书/沙德杨,兰传喜主编.—武汉:武汉大学出版社,2015.3

ISBN 978-7-307-15278-6

Ⅰ.建… Ⅱ.①沙… ②兰… Ⅲ.建筑测量—高等职业教育—教学参考资料 Ⅳ.TU198

中国版本图书馆 CIP 数据核字(2015)第 036660 号

责任编辑:郭 芳 责任校对:王小倩 装帧设计:吴 极

出版发行:**武汉大学出版社** (430072 武昌 珞珈山)

(电子邮件:whu_publish@163.com 网址:www.stmpress.cn)

印刷:广东虎彩云印刷有限公司

开本:787×1092 1/16 印张:5.75 字数:79 千字

版次:2015 年 3 月第 1 版 2015 年 3 月第 1 次印刷

ISBN 978-7-307-15278-6 定价:20.00 元

国家示范学校重点专业建设系列教材

编写指导委员会

主　任：莫　虎

副主任：杨伟谦

成　员：赵仕伟　　李　军　　孙富平　　陈　波
　　　　王文玲　　沙德杨　　何　耀　　赵　婷
　　　　闫　川　　王建国　　任三虎　　刘　荣
　　　　杨芳益　　赵龙光　　白　冰　　朱翠梅
　　　　王金库　　时林兵　　周树春　　刘定律
　　　　苏惠明　　唐　川　　卢跃云　　何忠刚
　　　　杨学胜　　殷受平　　于　赟　　宋光俊
　　　　谢道洪　　兰传喜　　刘建川　　黄成楷
　　　　余　文

前　言

  测量实训实习是"建筑工程测量"课程教学的组成部分,是课堂教学过程中在实习场地集中进行的生产实践性教学,是各项课间实验的综合应用,也是巩固和深化课堂所学知识的必要环节。通过实习,不仅能够了解基本测绘工作的全过程,系统地掌握测量仪器操作、施测、计算、地图绘制等基本技能,充分锻炼在测、记、算、绘等方面的能力,还可为今后从事专门测绘工作或解决实际工程中的有关测量问题打下基础,并能在业务组织能力和实际工作能力方面得到锻炼。在实习中应该具有严肃认真的科学态度、踏实求是的工作作风、吃苦耐劳的献身精神、团结协作的集体意识,为今后解决实际工程中有关的测量问题打下坚实的基础。

  本书以测量放线工职业资格四级技能要求为准,以"建筑工程测量与放线"所包含的职业技能为基本内容,注重系统性、先进性和实用性,突出对学生实际操作技能的培养。

  由于编者水平有限,加之时间仓促,书中疏漏和不当之处在所难免,敬请读者提出宝贵意见,以便在教学和实践中不断完善。

编　者
2015 年 2 月

目　　录

测量实训须知

一、测量实训要求

①实训前必须阅读有关教材及实训指导书,初步了解实训的内容、目的、要求、方法、步骤及注意事项,以保证按要求完成实训任务。

②实训分小组进行,组长负责组织和协调小组工作,办理所用仪器与工具的借领和归还。每位同学都必须认真仔细地操作,培养独立工作的能力和严谨的科学态度,同时要发扬相互协作精神。

③实训应在规定的时间和地点进行,不得无故缺席或迟到早退,不得擅自改变地点或离开现场。

④实训中,如出现仪器故障,应及时向指导教师报告,不可随意自行处理。若有损坏或遗失,先进行登记,查明原因后,视情节轻重,按学校有关条例给予适当赔偿和处理。

⑤实训结束时,应把观测记录、计算表交给指导教师审阅,合乎要求并经允许后,方可收拾和清洁仪器与工具,并归还仪器与工具。

二、测量仪器和工具及操作注意事项

(1)仪器和工具的借领及归还。

①以小组为单位前往仪器室借领仪器和工具。仪器和工具均有编号,借领时应当场清点和检查,如有缺损,立即补领或更换。

②仪器搬运前,应检查仪器背带和提手是否牢固,仪器箱是否锁好。搬运仪器和工具时,应轻拿轻放,避免剧烈震动和碰撞。

③实训结束后,应清理仪器和工具上的泥土,及时收装仪器和工具,送还仪器室,并按要求摆放整齐。

(2)仪器的安装。

①架设仪器三脚架时,三条架腿抽出的长度和三条架腿分开的跨度要适中,架头大致水平。如果地面为泥土地面,将各架脚插入土中,使三脚架稳妥,以防仪器下沉;如果在斜坡地上架设仪器三脚架,应使两条架腿在坡下,一条架腿在坡上;如果在光滑地面上架设仪器三脚架,要采取安全措施,以防仪器脚架打滑。

②仪器箱应平稳放在地面上或其他平台上才能开箱。开箱后,看清仪器在箱中的位置,以免用完后难以装箱。取仪器前应先松开制动螺旋,以免在取出仪器时,因强行扭转而损坏制动装置。

③取仪器时,应握住基座或照准部的支架部分,然后小心地放在三脚架架头上,一手握住基座或照准部的支架部分,另一手将中心连接螺旋旋入基座底板的连接孔内旋紧,做到"连接牢固"。

④从仪器箱中取出仪器后,要随即将仪器箱盖好,以免沙土和杂草等进入箱内。禁止坐在仪器箱上。

(3)仪器的使用。

①使用仪器时,避免触摸仪器的物镜和目镜。如果镜头有灰尘,应用仪器箱中的软毛刷拂去或用镜头纸轻轻擦拭。严禁用手帕或纸张等物擦拭,以免损坏镜头上的药膜。

②转动仪器时,应先松开制动螺旋,然后平稳转动;制动时,制动螺旋不能拧得太紧;使用微动螺旋时,应先旋紧制动螺旋。

③在任何时候,仪器旁必须有人看管,做到"人不离仪",防止其他无关人员使用及行人、车辆等冲撞仪器。在阳光或细雨下使用仪器时,必须撑伞,特别注意不得使仪器受潮。

(4)仪器的搬迁。

①远距离迁站或通过行走不便的地区时,必须将仪器装箱后再迁站。

②近距离且在平坦地区迁站时,可将仪器连同三脚架一同搬迁。方法是:先检查连接螺旋是否旋紧,然后松开各制动螺旋,若为经纬仪则应使望远镜对着度盘中心,若为水准仪则物镜应向后。再收拢三脚架,左手握住仪器的基座或支架部分,右手抱住三脚架,近乎垂直地搬迁。

③仪器迁站时,必须带走仪器箱及有关工具。

(5)仪器的装箱。

①仪器使用完毕,应及时清除仪器及仪器箱上的灰尘和三脚架上的泥土。

②仪器装箱时,应先松开各制动螺旋,将基座上的脚螺旋旋至中段大致等高的地方,再一手握住照准部支架或水准仪基座,另一手将中心连接螺旋旋开,双手将仪器取下装入箱中,试关箱盖,确认放妥后,再旋紧各制动螺旋,检查仪器箱内的附件,无缺件后关闭箱门,并立即扣上门扣或上锁。

(6)测量工具的使用。

①钢卷尺使用时,应避免扭转、打结,防止行人踩踏和车辆碾压,以免钢尺折断;携尺前进时,必须提起钢尺行走,不允许在地面拖走,以免损坏钢尺;钢卷尺使用完毕,必须用抹布擦去尘土,涂油防锈。

②水准尺和测杆使用时,应注意防水、防潮,不可受横向压力,以免弯曲变形,应轻拿轻放。不得将水准尺或测杆靠立在树上或墙上,以防滑倒摔坏或磨损尺面。测杆不得用于抬东西或作标枪投掷。塔尺使用时,应注意接口处的正确连接,用后及时收尺。

③测图板使用时,应注意保护板面,不准乱戳乱画,不能施以重压。

三、测量记录与计算规则

①各项记录必须直接记在规定的表格内,不准另以纸条记录再事后誊写。凡记录表格内规定应填写的项目不得空白。记录与计算均应用 2H 或 3H 铅笔记载。

②观测者读数后,记录者应在记录的同时回报读数,以防听错、记错。记录的数据应写齐规定的字数,表示精度或占位的"0"均不能省略。如水准尺读数 1.43m 应记作 1.430m ,角度读数 45°6′6″应记作 45°06′06″。

③禁止擦拭、涂改。记录数字若有错误,应在错误数字上画一斜杠,将改正数据记在其上方。所有记录的修改和观测成果的淘汰,必须在备注栏注明原因,如测错、记错或超限。

④原始观测数据的尾数部分不允许更改,而应将该部分观测废去重测。观测数据中不允许更改的部位与废去重测的范围如表 0-1 所示。

表 0-1　　　　　　观测数据中不允许更改的部位与重测范围

测量种类	不允许更改的部位	应重测的范围
角度测量	分和秒的读数	一测回
距离测量	厘和毫的读数	一尺段
水准测量	厘和毫的读数	一测站

⑤禁止连续更改,如水准测量中的黑、红读数,角度测量中的盘左、盘右读

数,距离测量中的往、返读数等,均不能同时更改,否则重测。

⑥数据计算时,应根据所取位数,按"4舍6进,5前单进双舍"的规则进行凑整。例如,若取至毫米,则1.456 4m、1.455 6m、1.456 5m、1.455 5m都应记为1.456m。

⑦每测站观测结束后,必须在现场完成规定的计算和检核,确认无误后方可迁站。

第一部分　课间实训部分

实训一　水准仪的认识与使用

一、实训目的和要求

(1)了解 DS3 水准仪的构造,认识水准仪各主要部件的名称和作用。

(2)初步掌握水准仪的粗平、瞄准、精平与水准尺读数的方法。

(3)测定地面两点间的高差。

二、能力目标

了解水准仪的各部件及其作用,能进行水准仪的安置、粗略整平、照准标尺、精确整平等操作,会在水准尺上读数,会根据读数计算两点间的高差。

三、仪器和工具

DS3 水准仪 1 台,水准尺 2 把,记录板 1 块,伞 1 把,自备铅笔。

四、实训任务

每组每位同学完成整平水准仪 3 次、读水准尺读数 3 次。

五、要点与流程

（1）要点。

①水准仪安置时,按"左手拇指规则",先用双手同时反向旋转一对脚螺旋,使圆水准器气泡移至中间,再转动另一只脚螺旋使气泡居中。如图 1-1-1 所示。

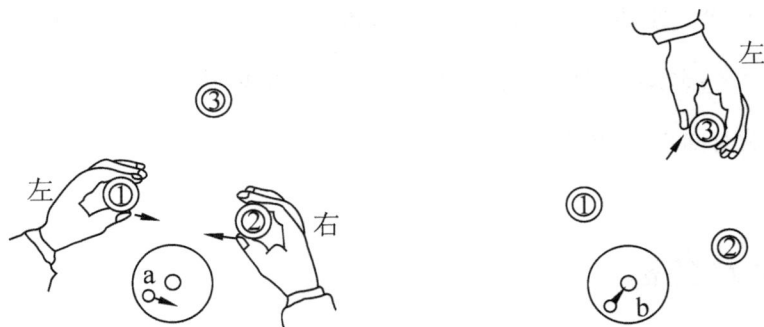

图 1-1-1　安置水准仪

②转动微倾螺旋,使符合水准管气泡两端的像吻合。注意微倾螺旋转动方向与符合水准管左侧气泡移动方向的一致性,如图 1-1-2 所示。每次读数前要查看水准仪是否处于精平状态。

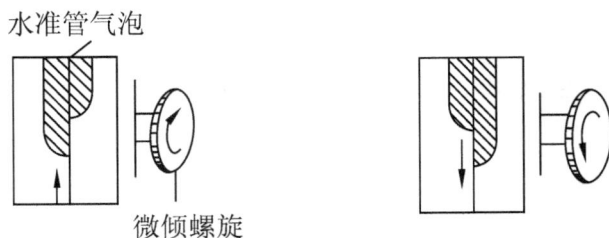

图 1-1-2　整平水准仪

(2)流程。

架上水准仪→整平水准仪→读取水准尺上的读数→记录。

六、注意事项

(1)仪器安放到三脚架上后,必须旋紧连接螺旋,使其连接牢固。

(2)水准仪在读数前,必须使长水准管气泡严格居中(自动安平水准仪例外)。

(3)瞄准目标必须消除视差。

七、上交成果

(1)水准仪由_____、_____、_____组成。

(2)水准仪粗略整平的要点是:

(3)水准仪照准水准尺的要点是:

（4）水准尺读数的要点是（估读到哪一位，共需读几位数）：

（5）消除视差的方法是：

（6）水准仪读数练习，如表 1-1-1 所示。

表 1-1-1		水准仪读数练习			

测站	点号	水准尺读数/m		高差/m	备注
		后视读数	前视读数		

实训二 闭合水准路线测量

一、实训目的和要求

（1）练习等外水准测量（改变仪器高法）的观测、记录、计算和检核方法。

（2）从一已知水准点 BM_1 开始，沿各待定高程点 2、3、4 进行闭合水准路线测量，如图 1-2-1 所示。高差闭合差的容许值为：

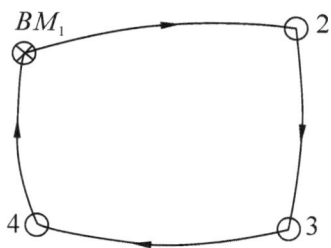

图 1-2-1 闭合水准路线测量

$$W_{hp} = \pm 12\sqrt{n}（其中 n 为测站数）$$

$$W_{hp} = \pm 40\sqrt{L}（其中 L 为水准路线总长）$$

如观测成果满足精度要求，对观测成果进行整理，推算出 2、3、4 点的高程。

二、能力目标

各小组独立完成一条闭合水准路线的观测、记录和计算,需满足闭合差容许值要求。各小组成员利用本组观测结果,独立完成水准测量成果的计算工作,求出闭合差、改正数及各点的高程。

三、仪器和工具

DS3 水准仪 1 台,水准尺 2 把,尺垫 2 个,记录板 1 块,伞 1 把。

四、实训任务

每组同学完成一条由 4 个点组成的闭合水准路线的观测任务。

五、要点与流程

(1) 要点。

①水准仪安置在离前、后视点距离大致相等处,用中丝读取水准尺上的读数至毫米。

②两次测得的仪器的高差 Δh 不超过 $\pm 5mm$,取其平均值作为平均高差。

③进行计算检核,即后视读数之和减前视读数之和应等于平均高差之和的两倍。

④计算高差闭合差,并对观测成果进行整理,推算出 2、3、4 点坐标。

（2）流程。

在地面上选定 2、3、4 三个点作为待定高程点，BM_1 为已知高程点，如图 1-2-1 所示。已知 $H_{BM1} = 50.000m$，要求按等外水准精度要求施测，求点 2、3、4 的高程。

六、注意事项

（1）水准尺必须立直。尺子的左、右倾斜，观测者在望远镜中根据纵丝可以发觉，而尺子的前、后倾斜则不易被发觉，立尺者应注意。

（2）瞄准目标时，注意消除视差。

（3）仪器迁站时，应保护前视尺垫。在已知高程点和待定高程点上，不能放置尺垫。

七、应交成果

水准测量记录计算手簿如表 1-2-1 所示。

表 1-2-1　　　　　　　　　　水准测量记录计算手簿

组别：　　　　　　仪器号码：　　　　　　　　　　年　　月　　日

测站	测点	水准尺读数/m		高差/m	平均高差/m	改正数/mm	改正后高差/m	高程/m	备注
		后视读数	前视读数						

续表

测站	测点	水准尺读数/m		高差/m	平均 高差/m	改正数/ mm	改正后 高差/m	高程/m	备注
		后视读数	前视读数						
Σ 计算 检核									

实训三　经纬仪的认识与使用

一、实训目的和要求

(1)了解 DJ6 经纬仪的构造,主要部件的名称和作用。

(2)练习经纬仪的对中、整平、瞄准和读数的方法。

(3)要求对中误差小于 3 mm,整平误差小于一格。

二、能力目标

了解光学经纬仪各部件及其作用,掌握对中、整平、瞄准和读数的方法。

三、仪器和工具

DJ6 经纬仪 1 台,测钎 2 只,记录板 1 块,伞 1 把。

四、实训任务

每组每位同学完成经纬仪的对中、整平、瞄准、读数工作各一次。

五、要点与流程

(1)要点。

①气泡的移动方向与操作者左手旋转脚螺旋的方向一致。

②经纬仪安置操作时,要注意首先应大致对中,脚架要大致水平,这样对中和整平反复的次数会明显减少。

(2)流程。

光学对中器初步对中和整平→精确对中和整平→瞄准目标→读数。

①光学对中器初步对中和整平:固定一只三脚架腿,移动其他两只架腿,使镜中小圆圈对准地面点,踩紧脚架。若对中器的中心与地面点略有偏离,可转动脚螺旋;若圆水准器气泡偏离较大,则伸缩三脚架腿,使圆水准器气泡居中,注意架脚位置不能移动。

②精确对中和整平如图 1-3-1 所示。

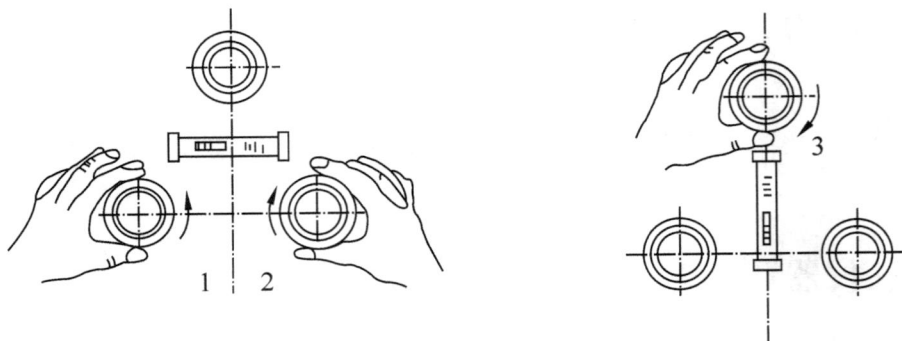

图 1-3-1　经纬仪的精确对中和整平

六、注意事项

(1)目标不能瞄错,并尽量瞄准目标下端。

(2)眼睛略微左右移动,检查有无视差,若有,则转动物镜对光螺旋予以消除。

七、应交成果

(1)经纬仪由_____、_____、_____组成。

(2)经纬仪对中和整平的操作要点是:

(3)经纬仪照准目标的操作要点是:

（4）水平度盘读数练习如表 1-3-1 所示。

表 1-3-1				水平度盘读数练习			
测站	目标	竖盘位置	水平度盘读数			备注
			°	′	″	

实训四　水平角观测（测回法）

一、实训目的与要求

（1）掌握测回法测量水平角的操作方法、记录和计算。

（2）每位同学对同一角度观测一测回，上、下半测回角之差不超过 $\pm 40''$。

（3）在地面上选择四个点组成四边形，所测四边形的内角之和与 360°之差不超过 $\pm 60''\sqrt{4} = \pm 120''$。

二、能力目标

掌握测回法测量水平角的操作方法、记录和计算，并使测量结果符合精度要求。

三、仪器和工具

DJ6 经纬仪 1 台,测钎 2 只,记录板 1 块,伞 1 把。

四、实训任务

每组每位同学用测回法完成 4 个水平角的观测任务。

五、要点与流程

(1)要点。

①测回法测角时的测量结果若超过限差要求,则应立即重测。

②注意测回法测量的记录格式。

(2)流程。

在地面上选择四个点组成四边形(图 1-4-1),每位同学用测回法观测一测回。

在 A 点整平和对中经纬仪→盘左顺时针测→盘右逆时针测。

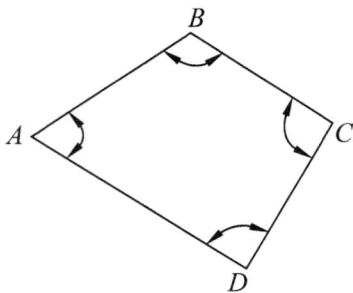

图 1-4-1　测回法测角

六、注意事项

（1）目标不能瞄错，并尽量瞄准目标下端。

（2）立即计算角值，如果超限，应重测。

七、应交成果

测回法水平角观测记录如表 1-4-1 所示。

表 1-4-1　　　　　　　　　　水平角观测手簿

组别：　　　　　　　仪器号码：　　　　　　　　年　　月　　日

测站	竖盘位置	目标	水平度盘读数	半测回角值	一测回角值	各测回平均角

续表

测站	竖盘位置	目标	水平度盘读数	半测回角值	一测回角值	各测回平均角

实训五　竖直角观测和竖盘指标差检验

一、实训目的和要求

(1)练习竖直角观测、记录和计算的方法。

(2)了解竖盘指标差的计算。

(3)同一组所测得的竖盘指标差的互差不得超过±25″。

二、能力目标

掌握竖直角观测的方法,会计算竖盘指标差。

三、仪器和工具

DJ6 经纬仪 1 台,记录板 1 块,伞 1 把。

四、实训任务

每组每位同学完成 2 个竖直角的观测任务。

五、要点与流程

(1)要点。

①在观测竖直角时,注意经纬仪竖盘读数与竖直角的区别。

②先观察竖直度盘注记形式并写出竖直角的计算公式。在盘左位置将望远镜大致放平,观察竖直度盘读数。然后将望远镜慢慢上仰,观察竖直度盘读数变化情况,观测竖盘读数是增加还是减少。

若读数减少,则:

$$\alpha = 视线水平时竖盘读数 - 瞄准目标时竖盘读数$$

若读数增加,则:

$$\alpha = 瞄准目标时竖盘读数 - 视线水平时竖盘读数$$

③计算竖盘指标差:

$$x = \frac{1}{2}(\alpha_R - \alpha_L)$$

④计算一测回竖直角：

$$\alpha = \frac{1}{2}(\alpha_L + \alpha_R)$$

（2）流程。

在 A 点测 B 点的盘左竖盘读数→在 A 点测 B 点的盘右竖盘读数→计算 A 点至 B 点的竖直角。如图 1-5-1 所示。

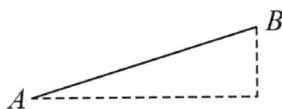

图 1-5-1　竖直角观测

六、注意事项

（1）对于具有竖盘指标水准管的经纬仪，每次竖盘读数前，必须使竖盘指标水准管气泡居中。具有竖盘指标自动零装置的经纬仪，每次竖盘读数前，必须打开自动补偿器，使竖盘指标居于正确位置。

（2）竖直角观测时，对同一目标应以中丝切准目标顶端（或同一部位）。

（3）计算竖直角和指标差时，应注意正负号。

七、应交成果

竖直角观测记录如表 1-5-1 所示。

表 1-5-1					竖直角观测手簿			

组别：　　　　　　仪器号码：　　　　　　　　　　年　　月　　日

测站	目标	竖盘位置	竖盘读数	半测回竖直角	指标差	一测回竖直角	各测回平均竖直角

实训六 钢尺量距与视距测量

一、实训目的和要求

(1)钢尺量距时,读数及计算长度取至毫米。

(2)钢尺量距时,先量取整尺段,后量取余长。

(3)钢尺往、返丈量的相对精度高于 1/3000 时,则取往、返平均值作为该直线的水平距离,否则重新丈量。视距测量的相对精度高于 1/200 合格。

二、能力目标

(1)能用目估定线的方法进行钢尺量距。

(2)能用视距测量的方法进行距离丈量。

三、仪器和工具

经纬仪 1 台,钢尺 1 把,测钎若干,花杆 3 支,水准尺 1 支,记录板 1 块,自备实训报告、笔、计算器等。

四、实训任务

　　每组每位同学在平坦的地面上，完成一段长 60～100m 的直线的往返丈量任务，并用经纬仪进行直线定线。

五、要点与流程

1. 钢尺量距实训步骤

（1）要点。

①用经纬仪进行直线定线时，有的仪器成倒像，有的仪器成正像。

②丈量时，前尺手与后尺手动作要一致，可用口令或手势来协调双方的动作。

（2）流程。

往测：在 A 点架设经纬仪，瞄准 B 点，在 A、B 连线上定点 1、2、3、4，丈量各段距离，如图 1-6-1 所示。

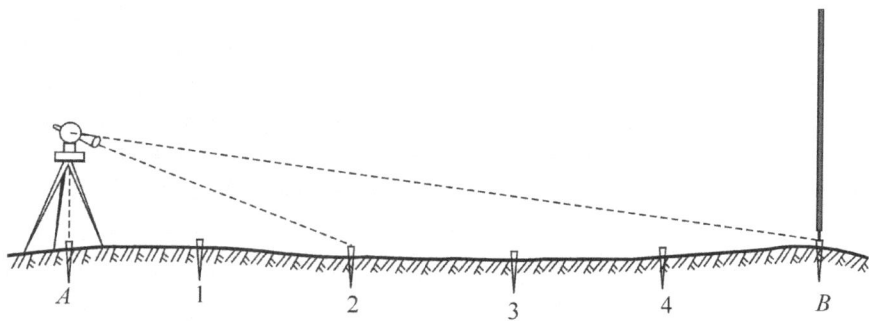

图 1-6-1　钢尺量距示意图

返测：由 B 点向 A 点用同样的方法丈量。

　　根据往测和返测的总长计算往、返差数和相对精度，最后取往、返总长的平均数。

2.视距测量实训步骤

(1)在测站 A 上安置经纬仪,对中、整平后,量取仪器高 i(精确到厘米),设测站点地面高程为 H_A。

(2)在 B 点上立水准尺,读取上、下丝读数 a、b,中丝读数 v(可取与仪器高相等,即 $v=i$),竖盘读数 L,并分别记入视距测量手簿。竖盘读数时,竖盘指标水准管气泡应居中。

(3)倾斜距离

$$L = kl\cos\alpha$$

水平距离

$$D = kl\cos^2\alpha$$

高差

$$h = D\tan\alpha + i - v$$

B 点的高程

$$H_B = H_A + h$$

式中,$k=100$,$l=a-b$(α 为竖直角)。

六、注意事项

(1)钢尺量距的原理简单,但在操作上容易出错,要做到三清。

①零点看清。钢尺零点不一定在尺端,有些钢尺零点前还有一段分划,必须看清。

②读数认清。在读数时要认清钢尺上 m、dm、cm 的注字和 mm 的分划数。

③尺段记清。尺段较多时,容易发生少记一个尺段的错误,必须记清。

(2)钢尺容易损坏,为维护钢尺,应做到四不:不扭,不折,不压,不拖。用毕要擦净后才可卷入尺盒内。

七、应交成果

钢尺量距记录表如表 1-6-1 和表 1-6-2 所示。

| 表 1-6-1 | 距离测量簿 |

组别：　　　　　　仪器号码：　　　　　　　　　　　　年　　月　　日

测量起止点	测量方向	整尺长/m	整尺数	余长/m	水平距离/m	往返较差/m	平均距离/m	精度

| 表 1-6-2 | 视距测量记录 |

组别：　　　　　　仪器号码：　　　　　仪器高 $i=$　　　　　年　　月　　日

测站（高程）仪器高	目标	下丝读数 上丝读数 视距间隔	中丝读数	竖盘读数	垂直角	水平距离	高差	高程

实训七 全站仪测距

一、实训目的和要求

(1)了解全站仪的构造、各部件的名称及作用。

(2)熟悉全站仪的操作界面及作用。

(3)能用全站仪进行距离测量。

二、能力目标

(1)掌握全站仪的基本使用。

(2)掌握全站仪测量距离的方法。

三、仪器和工具

全站仪1台,棱镜1个,自备2H铅笔等。

四、实训任务

利用全站仪测量指定两点之间的距离。

五、实训内容与步骤

1.全站仪的认识

全站仪和电子经纬仪外形一样,都由照准部、基座、水平度盘等部分组成(图 1-7-1)。同样采用光栅度盘,读数方式为电子显示。有功能操作键及电源,还配有数据通信接口。不同之处是全站仪的功能键更复杂,它不仅能测角度还能测距离、坐标以及一些更复杂的数据。

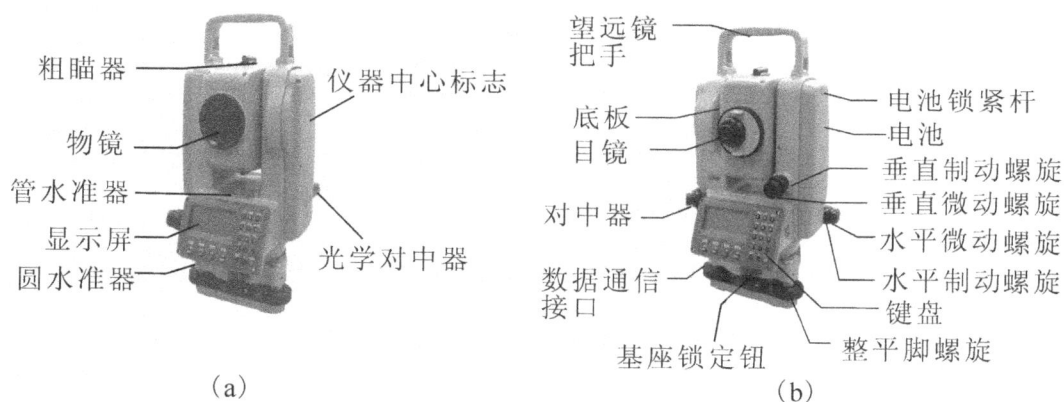

（a）　　　　　　　　　　（b）

图 1-7-1　全站仪示意图

2.全站仪的使用

(1)安置全站仪于固定点上,对中、整平后,量取仪器高。

(2)安置测杆反光镜于另一固定点上,对中、整平后,将反光镜朝向全站仪。

(3)开机。

①确认仪器已经整平。

②打开电源开关(POWER 键)。

确认显示窗中显示电池电量充足,当显示"电池电量不足"(电池用完)时,应及时更换电池或对电池进行充电。

电池信息如图 1-7-2 所示。

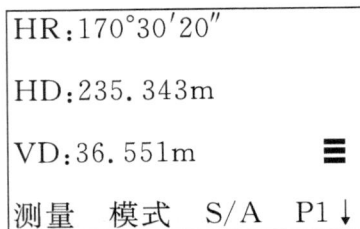

```
HR:170°30'20"
HD:235.343m
VD:36.551m        ≡
测量   模式   S/A   P1↓
```

图 1-7-2 全站仪电池信息

≡——电量充足,可操作使用。

=——刚出现此信息时,电池尚可使用 1h 左右;若没掌握已消耗的时间,则应准备好备用的电池或充电后再使用。

━——电量已经不多,尽快结束操作,更换电池或充电。

━闪烁消失——从闪烁到缺电关机仅可持续几分钟,电池已无电,应立即更换电池或充电。

注意:每次取下电池盒时,都必须先关掉仪器电源,否则仪器易损坏。

全站仪操作键盘如图 1-7-3 所示。通过按 F1 (↓)或 F2 (↑)键可调节对比度。若要在关机后保存设置,可按 F4 (回车)键。

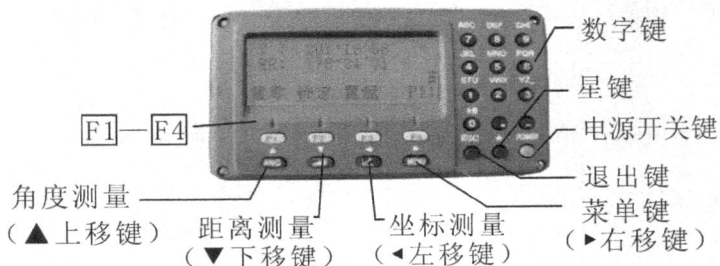

图 1-7-3 全站仪操作键盘

全站仪键盘符号如表 1-7-1 所示。显示符号如表 1-7-2 所示。

表 1-7-1　全站仪键盘符号

按键	名称	功能
ANG	角度测量键	进入角度测量模式(▲上移键)
⟋	距离测量键	进入距离测量模式(▼下移键)
↙	坐标测量键	进入坐标测量模式(◀左移键)
MENU	菜单键	进入菜单模式(▶右移键)
ESC	退出键	返回上一级状态或返回测量模式
POWER	电源开关键	电源开关
F1～F4	软键(功能键)	对应于显示的软键信息
0～9	数字键	输入数字、字母、小数点、负号
★	星键	进入星键模式,设置对比度、单位等参数

表 1-7-2　全站仪显示符号

显示符号	内容
V%	V 表示竖盘读数,%表示百分比坡度
HR	水平角(右角,即角度顺时针方向增大)
HL	水平角(左角,即角度逆时针方向增大)
HD	水平距离
VD	高差
SD	倾斜
N	北向坐标(即 X 坐标)

续表

显示符号	内容
E	东向坐标(即 Y 坐标)
Z	高程(即 H 高程)
*	EDM(电子测距)正在进行
m	以米为单位
ft	以英尺为单位
fi	以英尺与英寸为单位

距离测量模式(两个页面菜单)如图 1-7-4 所示。各软键功能如表 1-7-3 所示。

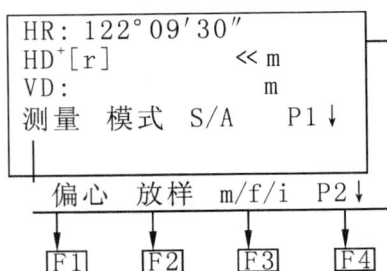

```
HR: 122°09′30″
HD⁺[r]          << m
VD:             m
测量  模式  S/A    P1↓

偏心  放样  m/f/i  P2↓
F1    F2    F3    F4
```

图 1-7-4　两个页面菜单示意图

表 1-7-3　　　　　　　　两个页面菜单各软键功能

页数	软键	显示符号	功能
第1页 (P1)	F1	测量	启动距离测量
	F2	模式	设置测距模式为精测/跟踪/———
	F3	S/A	温度、气压、棱镜常数等设置
	F4	P1↓	显示第2页软键功能
第2页 (P2)	F1	偏心	偏心测量模式
	F2	放样	距离放样模式
	F3	m/f/i	距离单位的设置(米/英尺/英寸)
	F4	P2↓	显示第1页软键功能

（4）设置温度和气压。

先测得测站周围的温度和气压。如温度：＋25℃，气压：1017.5hPa。操作步骤如表 1-7-4 所示。

表 1-7-4　　　　　　　　　　　　温度和气压测量操作过程

步骤	操作	操作过程	显示
第 1 步	按键 ◢	进入距离测量模式	HR：170°30′20″ HD：235.343m VD：36.551m 测量　模式　S/A　P1↓
第 2 步	按键 F3	进入设置； 用温度计和气压计测得测站周围的温度和气压	设置音响模式 PSM：0.0　　PPM：2.0 信号：[| | | | |] 棱镜　PPM　T-P　－－－
第 3 步	按键 F3	按键 F3 执行［T-P］	温度和气压设置 温度　→　15.0℃ 气压：1013.2hPa 输入　－－－　－－－　回车
第 4 步	按键 F1； 按键 F4	按键 F1 执行［输入］，输入温度与气压； 按键 F4 执行［回车］，确认输入	温度和气压设置 温度　→　25.0℃ 气压：1017.5hPa 输入　－－－　－－－　回车
备注		温度输入范围：－30～＋60℃（步长 0.1℃）或－22～＋140°F（步长 0.1°F）。 气压输入范围：560～1066hPa（步长 0.1hPa）或 420～800mmHg（步长 0.1mmHg）。 若根据输入的温度和气压算出的大气改正值超过±999.9ppm，则操作过程自动返回到第 4 步，重新输入数据	

（5）棱镜常数的设置。

南方全站的棱镜常数的出厂设置为－30（mm），若使用棱镜常数不是－30的配套棱镜，则必须设置相应的棱镜常数。一旦设置了棱镜常数，关机后该常数将会被保存。棱镜常数在显示屏上的符号为"PSM"，测距和测坐标前，应查看 PSM 的值，如使用配套棱镜，其 PSM 应为－30，否则应重新设置。

棱镜常数的设置方法如表 1-7-5 所示。

表 1-7-5　　　　　　　　　　棱镜常数的设置方法

步骤	操作	操作过程	显示
第1步	按键 F3	由距离测量或坐标测量模式按 F3 (S/A) 键	设置音响模式 PSM：－30.0　PPM：0.0 信号：[| | | | |] 棱镜　PPM　T-P　－－－
第2步	按键 F2	按 F1（棱镜）键	棱镜常数设置 棱镜：　　　0.0mm 输入　－－－　－－－　回车
第3步	按键 F1 输入数据 按键 F4	按 F1（输入）键输入棱镜常数改正值 *1，按 F4 确认，显示屏返回到设置模式	设置音响模式 PSM：－30　PPM：0.0 信号：[| | | | |] 棱镜　PPM　T-P　－－－
备注	输入范围：－99.9～＋99.9mm（步长 0.1mm）		

（6）距离测量。

确认全站仪处于测角模式（如果处于测距模式，可能在照准过程中就会开始测距），测量过程如表 1-7-6 所示。

步骤	操作	操作过程	显示
第1步	照准	照准棱镜中心	V： 90°10′20″ HR： 170°30′20″ H-蜂鸣 R/L 竖角 P3↓
第2步	按键 ◢	按 ◢ 键后，距离测量开始，1～2s后显示测距结果，其中HD为水平距离，VD为高差 （全站仪望远镜中心至棱镜中心）	HR： 170°30′20″ HD*〔r〕 ≪m VD： m 测量 模式 S/A P1↓ HR： 170°30′20″ HD* 235.343m VD： 36.551m 测量 模式 S/A P1↓
第3步	按键 ◢	显示测量的距离，并作记录； 再次按 ◢ 键，显示斜距（SD），同时显示水平角（HR）和垂直角（V）	V： 90°10′20″ HR： 170°30′20″ SD* 241.551m 测量 模式 S/A P1↓

如果测距连续不断地进行，说明此时全站仪处于"连续测量"模式，也称"跟踪测量"模式。当不再需要连续测量时，可按 F1 （测量）键＊2，测量模式转为"N次测量"模式，也称"精确测量"模式，此时仪器就按设置的次数进行测量，并显示出距离平均值。当输入测量次数为1时，因为是单次测量，所以仪器不显示距离平均值。再次按 F1 （测量）键，模式转变为连续测量模式。

（7）关于精测模式和跟踪模式的转换和设置。

精测模式和跟踪模式的转换如表1-7-7所示。

表 1-7-7		精测模式和跟踪模式的转换	
步骤	操作	操作过程	显示
第1步	按键F2	在距离测量模式下按 F2（模式）* 键,设置模式的首字符（F/T）	HR： 170°30′20″ HD： 566.346m VD： 89.678m 测量　模式　S/A　P1↓
第2步	按键F1； 按键F2	按 F1（精测）键精测,按 F2（跟踪）键跟踪测量	HR： 170°30′20″ HD： 566.346m VD： 89.678m 测量　跟踪　－－－　F HR： 170°30′20″ HD： 566.346m VD： 89.678m 测量　跟踪　－－－　P1↓
备注	若要取消设置,按ESC键		

精测模式和跟踪模式的转换在关机后不会被保留,如需要关机后仍被保留,应在全站仪开机后进行相应的初始设置,具体方法是:按住 F4 键开机,然后根据菜单提示进行如表 1-7-8 所示的设置。设置完毕后重新开机。

表 1-7-8			模式设置
菜单	项目	选择项	内容
模式设置	精测/跟踪	精测/跟踪	选择开机后的测距模式,精测/跟踪
	N 次测量/复测	N 次测量/复测	选择开机后的测距模式,N 次测量/复测
	测量次数	0～99	设置测距次数,若设置为 1 次,即为单次测量

六、注意事项

（1）运输仪器时，应采用原装的包装箱运输、搬动。

（2）近距离将仪器和脚架一起搬动时，应保持仪器竖直向上。

（3）在保养透镜（物镜、目镜）和棱镜时，应吹掉透镜和棱镜上的灰尘；不要用手指触摸透镜和棱镜；只能用清洁、柔软的布擦拭透镜，如有需要，也可将布沾纯酒精后再用（不要使用其他液体，因为有可能损坏仪器的组合透镜）。

（4）应保持插头清洁、干燥，使用时要吹出插头内的灰尘。在测量过程中，若拔出插头，则可能丢失数据，故拔出插头前应先关机。

（5）换电池前必须关机。

（6）充电时，周围环境温度应为 10～30℃。

（7）全站仪是精密贵重的测量仪器，要防日晒、雨淋，防碰撞、震动。严禁太阳直射仪器。

（8）操作前应仔细阅读本实训指导书，认真听指导老师讲解。不清楚操作方法与步骤者，不得操作仪器。

七、应交成果

全站仪测距表如表 1-7-9 所示。

表 1-7-9	全站仪测距表		
组别：	仪器号码：		年　　月　　日
测点	镜点	距离/m	备注

实训八　闭合导线外业测量

一、实训目的和要求

(1)掌握闭合导线的布设方法。

(2)掌握闭合导线的外业观测方法。

二、能力目标

进行闭合导线控制测量工作,完成坐标方位角计算和闭合差判断、调整;各项验算正确。

三、仪器和工具

每组 J2 光学经纬仪 1 台、测钎 2 个、钢尺 1 把、记录板 1 块。

四、实训任务

每组同学完成一组闭合导线的测量数据,每人完成一份导线坐标计算。

五、要点与流程

(1)要点。

①闭合导线的折角,观测闭合图形的内角。

②瞄准目标时,应尽量瞄准测钎的底部。

③量边要量水平距离。

(2)流程。

顺时针方向依次进行测量,如图 1-8-1 所示。

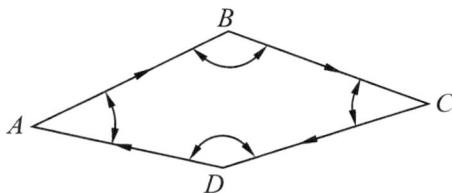

图 1-8-1　闭合导线测量

根据闭合导线实测数据和草图,进行如下计算。

①角度观测值检核和改正计算。

a. 角度闭合差。

n 边形闭合导线内角和的理论值应为:

$$\sum \beta_{理} = (n-2) \cdot 180°$$

角度闭合差,用 f_β 表示,即:

$$f_\beta = \sum \beta - \sum \beta_{理}$$

b. 角度闭合差的容许值:

$$f_{\beta容} = \pm 60'' \cdot \sqrt{n}$$

c. 角度闭合差分配:

$$v = -\frac{f_\beta}{n}$$

②坐标方位角推算：

$$\alpha_\text{下} = \alpha_\text{上} \genfrac{}{}{0pt}{}{+\beta(左)}{-\beta(右)} +180°$$

③坐标增量计算：

$$\Delta x_{AB} = D_{AB} \cdot \cos\alpha_{AB}$$

$$\Delta y_{AB} = D_{AB} \cdot \sin\alpha_{AB}$$

④坐标增量闭合差计算与调整。

a. 坐标增量闭合差：

$$\sum \Delta x_\text{理} = 0$$

$$\sum \Delta y_\text{理} = 0$$

横坐标增量闭合差，分别用 f_x 和 f_y 表示：

$$f_x = \sum \Delta x$$

$$f_y = \sum \Delta y$$

f_D 称为导线全长闭合差，其值由下式计算：

$$f_D = \sqrt{f_x^2 + f_y^2}$$

导线全长相对闭合差用 K 表示：

$$K = \frac{f_D}{\sum D} = \frac{1}{\dfrac{\sum D}{f_D}}$$

b. 导线全长相对闭合差容许值。

对图根控制测量来说，$K_\text{容} = 1/2000$，而 $K \approx 1/2800$，因此 $K < K_\text{容}$，边长成果合格。

⑤导线点坐标计算。

根据已知点 A 的坐标，计算 B 点的坐标：

$$\begin{cases} x_{AB} = x_A + \Delta x_{AB} \\ y_{AB} = y_A + \Delta y_{AB} \end{cases}$$

同法依次求出其他各点的坐标,最后推算回到 A 点的坐标。

六、注意事项

为避免测量成果误差超限,应注意以下几点。

(1)水平角观测和水平距离测量应按顺时针方向依次进行测量。

(2)闭合导线的所有转折角,均为闭合多边形的内角。

(3)瞄准远处目标时,应尽量瞄准目标标志的底部。

(4)闭合导线边长观测结果一定是水平距离。

七、应交成果

提交闭合导线计算表,如表 1-8-1 所示。

表 1-8-1   闭合导线计算表

组别: 仪器号码: 年   月   日

点号	观测角/ (° ′ ″)	改正数/ (″)	改正后角值/(° ′ ″)	坐标方位角/(° ′ ″)	距离 D/ m	纵坐标增量 Δx/m			横坐标增量 Δy/m			坐标值/m	
						计算值	改正数	改正后	计算值	改正数	改正后	x/m	y/m
1	2	3	4	5	6	7	8	9	10	11	12	13	14
辅助计算													

续表

点号	观测角/(° ′ ″)	改正数/(″)	改正后角值/(° ′ ″)	坐标方位角/(° ′ ″)	距离 D/m	纵坐标增量 Δx/m			横坐标增量 Δy/m			坐标值/m	
						计算值	改正数	改正后	计算值	改正数	改正后	x/m	y/m
1	2	3	4	5	6	7	8	9	10	11	12	13	14
辅助计算													

实训九　直角坐标法测设平面点位

一、实训目的和要求

（1）熟悉经纬仪或全站仪的操作。

（2）掌握直角坐标法放样点平面位置的方法。

（3）掌握极坐标法放样点平面位置的方法。

二、能力目标

掌握经纬仪定线的应用及经纬仪点位的测设方法。

三、仪器和工具

经纬仪 1 台,花杆或测钎 2 个,钢尺 1 把,记录板 1 块(或全站仪 1 台、棱镜 2 个),自备 HB 铅笔 1 支,计算器等。

四、实习任务

建筑物附近已有互相垂直的建筑基线或建筑方格网时,可采用直角坐标法确定点的平面位置,每组成员根据已有的控制点采用直角坐标法放样一个矩形的 4 个点。

五、要点与流程

（1）要点。

精度的控制必须要精确,检查边、角是否在限差范围内,熟练进行点位测设。

（2）流程。

测设如图 1-9-1 所示的建筑物。

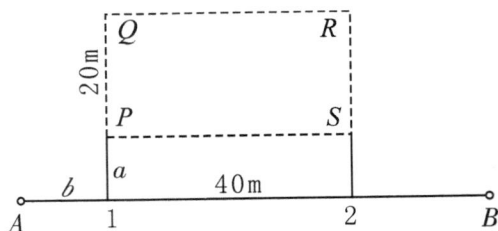

图 1-9-1 直角坐标法测设点位

①在 A 点安置经纬仪,瞄准 B 点,在 AB 方向线上分别量 b 得点 1,再量 40m 得出点 2。

②把经纬仪搬到点 1,瞄准 B 点,用盘左盘右测设 90°角,量 a 定出点 P,再量 20m 定出点 Q。同理,把仪器搬到点 2,用同样的方法定出点 S、R。

③检查:量长边、短边及对角线的长度,相对误差应小于 1/2000,测任意房角,与 90°误差小于 ±60″。

六、应交成果

点位测设检查计算表如表 1-9-1 所示。

表 1-9-1　　　　　　　　　　　点位测设检查计算表

组别:　　仪器编号:　　观测者:　　记录者:　　　　年　月　日

项目	内容	计算		备注
测设数据计算	主要定位点 P 距离主要基线点 M 的坐标差	$\Delta X_{MP}=$		
		$\Delta Y_{MP}=$		
测设后检查	四大角与设计值(90°)的偏差	$\Delta\angle P=$	$\Delta\angle Q=$	
		$\Delta\angle R=$	$\Delta\angle S=$	
	四条主轴线边与设计值的偏差	$\Delta D_{PQ}=$	$\Delta D_{QR}=$	
		$\Delta D_{PS}=$	$\Delta D_{SR}=$	

实训十 高程测设

一、实训目的和要求

(1)掌握建筑施工中高程测设的基本方法。

(2)采用水准仪准确找到需测设高程的位置。

二、能力目标

掌握测设已知高程点的方法,要求高程测设误差不超过±5mm。

三、仪器和工具

水准仪 1 台、水准尺 1 把、计算器、记录板。

四、实训任务

高程测设是测设的基本工作,是一个测量人员必须掌握的内容。

五、实训内容及步骤

（1）高程测设的方法。

测设前，首先应弄清测设的距离数据，即设计的高程值 $H_设$；然后弄清现场已知高程点的位置，以及待测设高程的物体。在距 A 点（已知高程点）、B 点（待测设点）大致等距离处，安置水准仪，在 A 点木桩上竖立水准尺，读得后视读数 a，根据 A 点的高程 H_A，求得水准仪的视线高程 H_i：

$$H_i = H_A + a$$

根据设计高程，计算前视点的应有读数为：

$$b = H_i - H_1$$

（2）测设实例。

①在实训场地上由教师指定待测设高程的地物（如墙、柱、杆、桩等），选定一已知水准点 A，假设其高程 $H_A = 81.346 \text{m}$，需要放样点 P_1 的设计高程 $H_{P1} = 81.600 \text{ m}$。如图 1-9-1 所示。

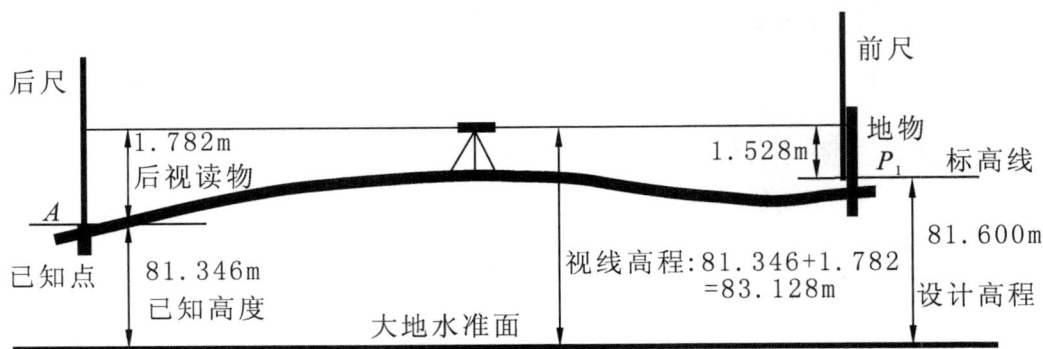

图 1-9-1　高程测设示意图

前视读数：

$$b = 83.128 - 81.600 = 1.528 \text{m}$$

测设时，上下移动前尺，当读数等于 1.528m 时，再沿尺底在测设物体上绘一条横线。

②在与水准点 A 和待测设高程点 P_1 距离基本相等的地方安置水准仪，粗略调平。在 A 点上放置水准尺，精平后读取水准尺的读数为 a。

③计算仪器视线高程

$$H_1 = H_A + a$$

④计算点 P_1 的放样数据

$$b = H_A + a - H_{P_1} = 1.528\text{m}$$

⑤将水准尺紧贴在待测设高程的地物侧面，前视该标尺，调长水准管气泡居中，上下慢慢移动标尺，当前视读数为 b 时，用铅笔沿标尺底部在地物上画一条线，该线条的高程即为测设高程 $H_{P_1} = 81.600\text{m}$ 标志的位置。

六、注意事项

(1)本次实训的难点是精度的控制，测量误差不超过 $\pm 5\text{mm}$ 即为合格。

(2)操作规范、配合默契，完成任务越快成绩越好。

七、应交成果

(1)读后视读数并计算测设数据，如表 1-9-1 所示。

| 表 1-9-1 | 后视读数及测设数据 | | |

已知水准点高程 H_A：　　　后视读数 a：　　　仪器视线高程 $H_A + a$：

待测高程点	设计高程 H_i/ m	前视读数$(H_A + a) - H_i$/ m	备注
P_1			
P_2			测量误差不
P_3			超过 $\pm 5\text{mm}$
P_4			

注：表中字符可以根据实际情况更改。

(2)测设后检查。

用钢尺量得的点 P_1 与点 P_2 的实际高差为：

根据设计高程算得点 P_1 与点 P_2 的高差为：

两者相差为：

实训十一　　建筑物轴线测设

一、目的和要求

掌握建筑物轴线测设的基本方法。

二、能力目标

掌握用极坐标法测设轴线控制桩的引测方法。

三、仪器和工具

DJ6 经纬仪 1 台,DS3 水准仪 1 台,30m 钢尺 1 把,测杆 1 根,水准尺 1 把,记录板 1 块,榔头 1 把,木桩 6 个,测钎 2 只,计算器 1 个,伞 1 把。

四、实训任务

采用极坐标放样的方法放样图 1-11-1 所示的两个轴线点。

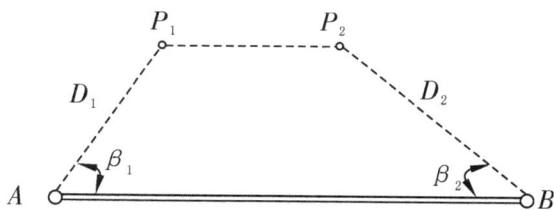

图 1-11-1　建筑物轴线的测设

五、实训内容与步骤

(1)布设控制点。

如图 1-11-1 所示,在空旷地面选择一点,打下一木桩,桩顶画十字线,交点即为 A 点。从 A 点用钢尺丈量一段 50.000m 的距离定出一点,同样打木桩,桩顶画十字线,交点即为 B 点。设 A、B 点的坐标为: $A(x_A = 100.000\text{m}$,

$y_A = 100.000\text{m})$，$B(x_B = 100.000\text{m}, y_B = 150.000\text{m})$。

设 A 点的高程 $H_A = 10.000\text{m}$。以上数据为控制点 A、B 的已知数据。

某建筑物轴线点 P_1、P_2 的设计坐标和高程如下。

P_1：$x_1 = 108.360\text{m}$，$y_1 = 105.240\text{m}$，$H_1 = 10.150\text{m}$

P_2：$x_2 = 108.360\text{m}$，$y_2 = 125.240\text{m}$，$H_2 = 10.150\text{m}$

（2）测设数据的计算。

根据控制点 A、B 用极坐标测设轴线点 P_1、P_2 的平面位置，其测设数据在表 1-11-1 中计算。

表 1-11-1			极坐标法测设数据的计算		
边	坐标增量/m		水平距离 D/m	坐标方位角 α/	水平夹角 β/
	Δx	Δy		(° ′ ″)	(° ′ ″)
$A - B$					
$A - P_1$					
$B - A$					
$B - P_2$					
$P_1 - P_2$					

（3）极坐标法轴线点平面位置的测设。

①如图 1-11-1 所示，在 A 点安置经纬仪，对中、整平后，瞄准 B 点，安置水平度盘读数为 $0°00'00''$；顺时针转动照准部，使水平度盘读数为 $(360° - \beta_1)$，用测钎在地面上标出该方向，在该方向上从 A 点量水平距离 D_1，打下木桩；再重新用经纬仪标定方向并用钢尺量距，在木桩上定出 P_1 点。

②在 B 点安置经纬仪，对中、整平后，瞄准 A 点，安置水平度盘读数为 $0°00'00''$；顺时针转动照准部，使水平度盘读数为 β_2，沿此方向从 B 点量取水平距离 D_2，打下木桩；再重新用经纬仪标定方向并用钢尺量距，在木桩上定出 P_2 点。

③用钢尺丈量 P_1、P_2 两点间的距离,与根据两点设计坐标算得的水平距离 D_{12} 比较,其相对误差应不超过 1/3000。

六、注意事项

(1)测设数据应独立计算,相互校核,证明正确无误后再进行测设。

(2)轴线点的平面位置测设好后应进行两点间的距离校核。

七、应交成果

极坐标法测设数据计算表。

第二部分　拓展实训部分

实训一　水准仪的检验与校正

一、实训目的和要求

(1)了解微倾式水准仪各轴线应满足的条件。

(2)掌握检验和校正水准仪的方法。

(3)要求校正后,i 角值不超过 $20''$,其他条件校正到无明显偏差为止。

二、能力目标

要求熟悉水准仪的使用条件,能够利用所学知识和方法正确判断仪器所处的状态。

三、仪器和工具

DS3 水准仪 1 台,水准尺 2 把,尺垫 2 个,钢尺 1 把,校正针 1 根,小螺丝旋具 1 把,记录板 1 块。

四、实训任务

每组学生完成圆水准器、十字丝横丝、水准管平行于视准轴(i 角)三项基本检验。

五、要点与流程

(1)要点。

进行 i 角检验时,要仔细测量,保证精度,才能区分仪器误差与观测误差。

(2)流程。

圆水准器检校→十字丝横丝检校→水准管平行于视准轴(i 角)检校。

六、注意事项

(1)检验与校正水准仪时,必须按上述规定的顺序进行,不能颠倒。

(2)拨动校正螺钉时,一律要先松后紧,一松一紧,用力不宜过大,校正完毕时,校正螺钉不能松动,应处于稍紧状态。

七、应交成果

(1)圆水准器轴平行于仪器竖轴的检验与校正。

提示:转动脚螺旋,使圆水准器气泡居中,将仪器绕竖轴旋转 $180°$。如果气泡仍居中,则条件满足;如果气泡偏出分划圈外,则需校正。圆水准器的检验与校正如图 2-1-1 所示。

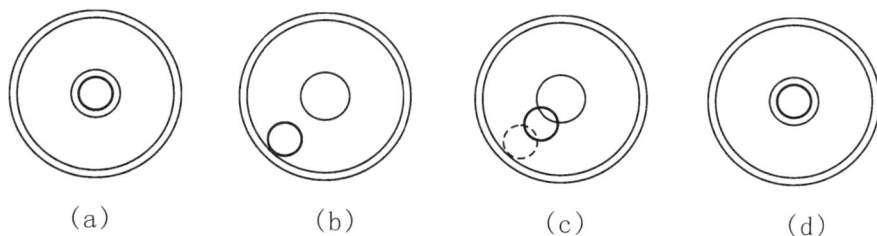

（a）　　　　　（b）　　　　　（c）　　　　　（d）

图 2-1-1　圆水准器的检验与校正

圆水准器气泡居中后,将望远镜旋转 180°后,气泡＿＿＿＿＿＿＿（填"居中"或"不居中"）。

校正方法：

（2）十字丝中丝垂直于仪器竖轴的检验与校正。

在墙上找一点,使其恰好位于水准仪望远镜十字丝左端的横丝上,旋转水平微动螺旋,用望远镜右端对准该点,观察该点＿＿＿＿＿＿＿（填"仍位于"或"不位于"）十字丝右端的横丝上。十字丝中丝垂直于仪器竖轴的检验如图 2-1-2所示。

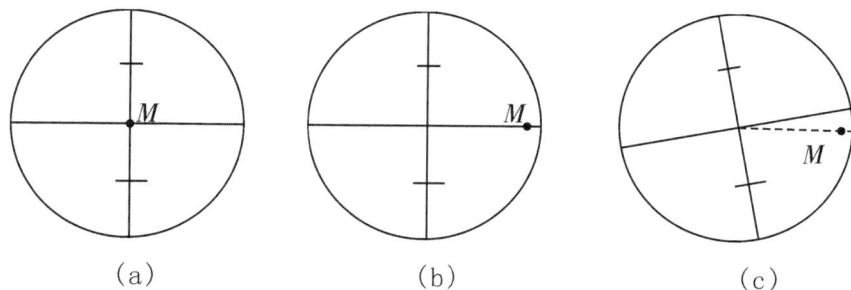

（a）　　　　　　　（b）　　　　　　　（c）

图 2-1-2　十字丝中丝垂直于仪器竖轴的检验

校正方法：

（3）水准管平行于视准轴（i 角）的检验。

提示：仪器架在 C 点，测高差 $h_1 = a_1 - b_1$，改变仪器高度，又读得 a_1' 和 b_1' 得高差 $h_1' = a_1' - b_1'$。若 $h_1' - h_1 \leqslant \pm 3\text{mm}$，则取两次高差的平均值，作为正确高差 h_{AB}。水准管轴平行于视准轴的检验如图 2-1-3 所示。

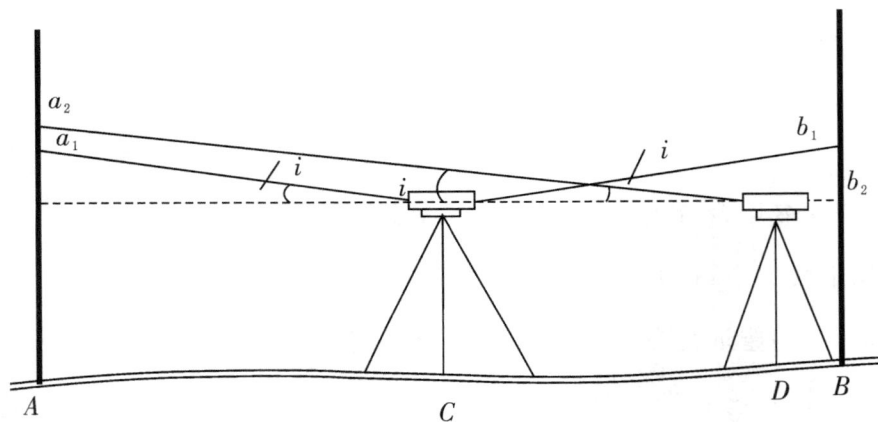

图 2-1-3 水准管轴平行于视准轴的检验

检验结果见表 2-1-1。

| 表 2-1-1 | 水准管轴平行于视准轴的检验记录 |

	立尺点		水准尺读数	高差	平均高差	是否要校正
仪器架在 A 、B 点中间位置 C	A		$a_1 =$	$h_1 =$	$h_{AB} =$	i⩾ ±20″,则需校正
	B		$b_1 =$			
	变更仪器高后	A	$a_1' =$	$h_1' =$		
		B	$b_1' =$			
仪器架在离 B 点较近的位置	A 实际读数 a_2'				—	
	B 实际读数 b_2'					
	A 点理论值 $a_2' = b_2' + h_{AB}$					
	$i = (a_2 - a_2')\rho/D_{AB}$					

实训二　经纬仪的检验与校正

一、实训目的和要求

(1)了解经纬仪的主要轴线之间应满足的几何条件。

(2)掌握检验与校正光学经纬仪的基本方法。

二、能力目标

熟悉经纬仪的使用条件,能够利用所学知识和方法正确判断仪器所处的状态。

三、仪器和工具

DJ6 经纬仪 1 台 ,校正针 1 枚,小螺丝旋具 1 把,记录板 1 块。

四、实训任务

每组学生完成经纬仪的检验任务(照准部水准管轴、十字丝竖丝、视准轴、横轴、光学对中器、竖盘指标差)。

五、要点与流程

（1）要点。

经纬仪检验时，要以高精度要求观测。竖直角观测时，注意经纬仪竖盘读数与竖直角的区别。

（2）流程。

照准部水准管轴→十字丝竖丝→视准轴→横轴→光学对中器→竖盘指标差。

六、注意事项

（1）按实验流程进行各项检验与校正，顺序不能颠倒，确定检验数据正确无误后才能进行校正，校正结束时，各校正螺钉应处于稍紧状态。

（2）选择仪器的安置位置时，应顾及视准轴和横轴两项的检验，既能看到远处水平目标，又能看到墙上高处目标。

七、应交成果

（1）照准部水准管的检验。

用脚螺旋使照准部水准管气泡居中后，将经纬仪的照准部旋转 180°，照准部水准管气泡偏离_____格。

（2）十字丝竖丝的检验与校正。

在墙上找一点，使其恰好位于经纬仪望远镜十字丝上端的竖丝上，旋转望远镜上、下微动螺旋，用望远镜下端对准该点，观察该点_____（填"仍位于"或"不位于")十字丝下端的竖丝上。十字丝竖丝垂直于横轴的检验如图 2-2-1所示。十字丝竖丝的校正如图 2-2-1 所示。

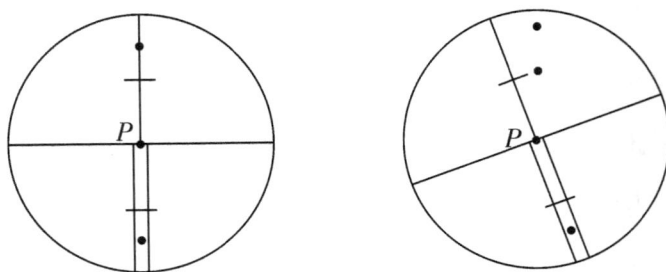

图 2-2-1　十字丝竖丝垂直于横轴的检验

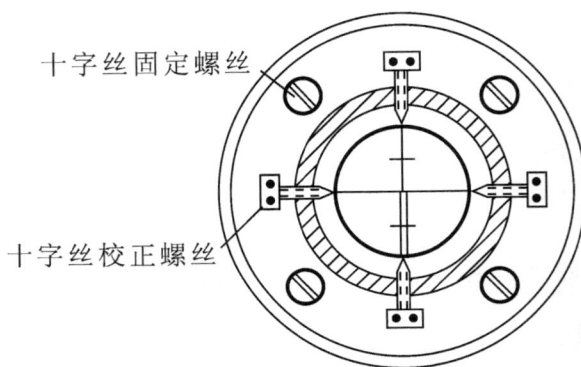

图 2-2-2　十字丝竖丝的校正

(3)视准轴的检验。

在平坦地面上,选择相距约 100m 的 A、B 两点,在 AB 连线中点 O 处安置经纬仪,如图 2-2-3 所示,并在 A 点设置一瞄准标志,在 B 点横放一把直尺,使直尺垂直于视线 OB,用盘左位置瞄准 A 点,倒镜在 B 点尺上读得 B_1;用盘右位置再瞄准 A 点,倒镜再在 B 点尺上读得 B_2。经计算,若 J6 经纬仪的 $c>60''$,则需要校正。

用皮尺量得:$D=$ _____ 。

B_1 处读数为:_____ ,B_2 处读数为:_____ ,$B_1B_2=$ _____ 。

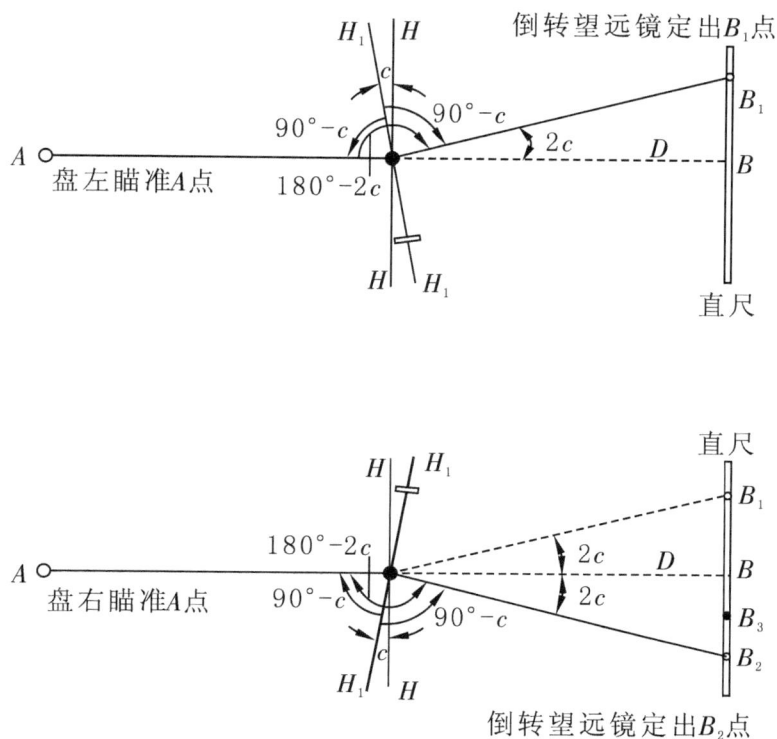

图 2-2-3　视准轴误差的检验

经计算得：$c'' = \dfrac{B_1 B_2}{4D} \rho'' = $ _____。

（4）横轴的检验。

在离墙面 20～30m 处安置经纬仪，盘左瞄准墙上高处一目标 P（仰角约 30°），放平望远镜，在墙面上定出 A 点；盘右再瞄准 P 点，放平望远镜，在墙面上定出 B 点。若 A、B 重合，则说明条件满足；若 A、B 相距大于 5mm，则需要校正。如图 2-2-4 所示。

①用皮尺量得 O 点至 P、M 点间的距离 $D = $ _____ m。

②用经纬仪测得竖直角为：_____。

③用小钢尺量得：$PP' = $ _____。

④经计算得：$i'' = \dfrac{PP'}{2D \cdot \tan\alpha} \cdot p'' = $ _____。

由于横轴校正设备密封在仪器内部，该项校正应由仪器维修人员进行。

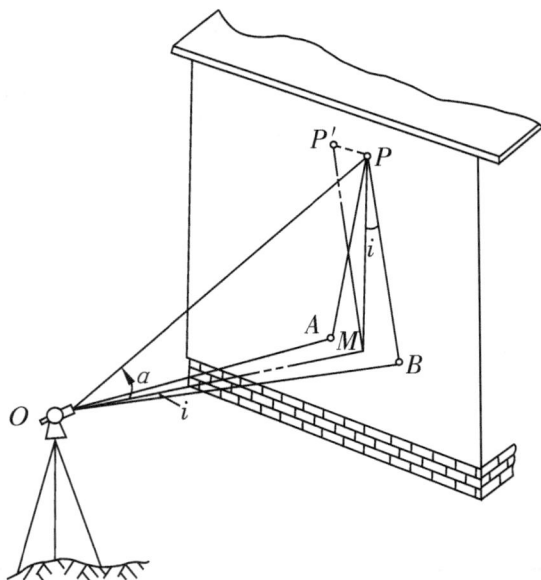

图 2-2-4 横轴垂直于仪器竖轴的检验

（5）指标差的检验与校正

整平经纬仪，盘左、盘右观测同一目标点 P，转动竖盘指标水准管微动螺旋，使竖盘指标水准管气泡居中，读记竖盘读数 L 和 R，按下式计算竖盘指标差：

$$x = \frac{1}{2}(L + R - 360°)$$

当竖盘指标差 $x > 1'$ 时，需校正。

检验与校正结果记录于表 2-2-1 中。

表 2-2-1　　　　　　　　　　　指标差的检验与校正结果

点	目标	竖盘位置	竖盘读数/ ($°\,'\,''$)	半测回竖直角/ ($°\,'\,''$)	指标差/ ($''$)	一测回竖直角/ ($°\,'\,''$)
		左				
		右				

实训三 四等水准测量(双面尺法)

一、实训目的和要求

(1)进一步熟练水准仪的操作,掌握用双面水准尺进行四等水准测量的观测、记录与计算方法。

(2)熟悉四等水准测量的主要技术指标,掌握测站及线路的检核方法。

同等水准测量的主要技术指标:视线高度大于 0.2m;视线长度不大于 80m;前后视距差不大于 5m;前后视距累积差不大于 10m;红、黑面读数差不大于 3mm,红、黑面高差之差不大于 5mm;线路高差闭合差的容许值为 $\pm 20\sqrt{L}$mm,其中 L 为线路总长(单位:km)。

二、能力目标

掌握三、四精密水准点的布设与测量方法,测量结果达到三、四等水准测量的精度要求。

三、仪器和工具

DS3 水准仪 1 台,双面水准尺 2 把,记录板 1 块。

四、实训任务

按四等水准测量要求,每组学生完成一个闭合水准环的观测任务。

五、要点与流程

(1)要点。

①顺序。"后前前后(黑黑红红)",一般一对尺子交替使用。

②读数。黑色面"三丝法"(上、下、中丝)读数,红色面仅读中丝。安置水准仪的测站至前、后视立尺点的距离,应用步测使其相等。在每一测站,按下列顺序进行观测:

　　a.后视水准尺黑色面,读上、下丝读数,精平,读中丝读数;

　　b.前视水准尺黑色面,读上、下丝读数,精平,读中丝读数;

　　c.前视水准尺红色面,精平,读中丝读数;

　　d.后视水准尺红色面,精平,读中丝读数。

(2)流程。

①从某一水准点出发,选定一条闭合水准路线。路线长度为 100～200m,设置 3～5 站,视线长度为 30m 左右。如图 2-3-1 所示。

　　每站读数结束[(1)～(8)],随即进行各项计算[(9)～(16)],并按技术指标进行检验,满足限差后方能搬站。如表 2-3-1 所示。

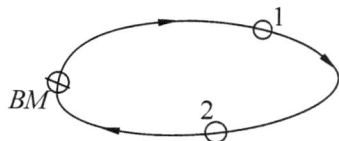

图 2-3-1 闭合水准路线

②依次设站,用相同的方法进行观测,直到线路终点,计算线路的高差闭合差。

六、注意事项

(1)四等水准测量比工程水准测量有更严格的技术要求,要达到更高的精度,其关键在于:前后视距相等(在限差以内);从后视转为前视(或相反)望远镜不能重新调焦;水准尺应完全竖直,最好用附有圆水准器的水准尺。

(2)每站观测结束,应立即进行计算,并按规定进行检核。若有超限,则应重测该站。全线路观测完毕,线路高差闭合差在容许范围以内,方可收测,结束实训。

七、应交成果

四等水准测量记录见表 2-3-1。

表 2-3-1 四等水准测量记录

组别： 仪器号码： 年 月 日

测站编号	视准点	后视 上丝 下丝 后视距 视距差	前视 上丝 下丝 前视距 视距差	方向及尺号	水准尺读数 黑色面	水准尺读数 红色面	黑＋K－红	平均高差	备注
		(1)	(4)	后	(3)	(8)	(14)		
		(2)	(5)	前	(6)	(7)	(13)	(18)	
		(9)	(10)	后－前	(15)	(16)	(17)		
		(11)	(12)						
				后					
				前					
				后－前					
				后					已知
				前					BM_1
				后－前					的高
				后					程为
				前					
				后－前					15.000m
				后					
				前					
				后－前					
				后					
				前					
				后－前					

注：K 为水准尺红色面起始值。

66

实训四 经纬仪法地形图的碎部测量

一、实训目的和要求

(1)掌握视距测量的观测方法。

(2)学会用计算器进行视距计算。

二、能力目标

掌握经纬仪测绘地形图的方法,在图纸上展绘碎部点。

三、仪器和工具

每组 J6 经纬仪 1 台、塔尺 2 把,图板、量角器、比例尺、小钢尺、橡皮、小刀、记录板各 1 个,图纸若干张。自备实训报告、铅笔、计算器等。

四、实训任务

对照实地,根据所测得的碎部点绘出建筑物的位置。

五、要点与流程

(1)在实训基地选择 3 个图根控制点(A、B、C),要求相邻控制点间互相通视,场地附近的地形情况有一定的代表性。

(2)在一控制点(B)上安置经纬仪(对中、整平),量取仪器高 i。精确瞄准另一控制点(A)并标杆进行仪器定向,转动度盘变换手轮,将水平度盘读数精确调至 $0°00'$。

(3)观测固定角$\angle ABC$,进行定向检查。《城市测量规范》(CJJ/T 8—2011)规定观测值与已知值相差不超过 $2'$。否则应找出原因,重新进行仪器定向。

(4)安置平板仪于测站点附近(1~2m),用铁夹或胶带将展好点的绘图纸固定在图板上,连接定向线 AB,将半圆仪圆心用测针钉于图上的测站点。

(5)用量角器检查图上$\angle ABC$ 值是否与固定角$\angle ABC$ 值一致。检查方法是:转动量角器使定向线 AB 对准示数为固定角$\angle ABC$ 值大小的刻划线,此时量角器直尺边(延长线)应通过图上控制点 C,其偏差不应大于图上 0.3mm,否则应查明原因,直至满足要求方可测绘地形图。

(6)跑尺员依次将标尺立在附近矩形建筑物拐角点 1、2、3 处。

(7)观测员转动照准部,依次瞄准碎部点 1、2、3 处的标尺,读取水平角读数,调节竖盘使标准管气泡居中,在标尺上读取上丝读数、下丝读数、中丝读数 v、竖盘读数 l。将观测值填入碎部测量手簿,在备注栏说明碎部点的性质。

(8)根据公式,计算测点 B 至碎部点 1、2、3 的水平距离和高差,再根据测站点高程 H_B,计算碎部点高程 H_1、H_2、H_3 并填入碎部测量手簿。

水平距离:

$$D = Kl\cos^2 \alpha$$

高差:

$$h = D\tan\alpha + i - v = \frac{1}{2}Kl\sin2\alpha + i - v$$

（9）展绘碎部点（每观测、计算完一个点即可展绘）。转动半圆仪,使定向线 ab 对准示数为特征点 1 的水平角值的刻划线,沿半圆仪直尺边（延长线）按比例截取测站点至特征点 1 的水平距离,定出点 1 的位置。在该点右侧注明高程。同法可绘出测站上其余各碎部点 2、3 的平面位置与高程。

（10）对照实地,根据所测得的碎部点绘出建筑物的位置。

（11）将本测站周围地物及地貌全部测绘成图。

六、注意事项

（1）视距测量观测前应对竖盘指标差进行检验和校正,使指标差在 $\pm60''$ 以内。

（2）观测时视距尺应竖直并保持稳定。

七、应交成果

经过视距计算后的"碎部测量记录表"如表 2-4-1 所示。

表 2-4-1　碎部测量记录表

组别：　　仪器编号：　　观测者：　　记录者：　　　年　　月　　日

特征点	下丝 上丝 尺间隔 l	中丝 i	水平角 β	竖盘读数 L	竖直角 α	平距	高程	备注

特征点	下丝上丝尺间隔 l	中丝 i	水平角 β	竖盘读数 L	竖直角 α	平距	高程	备注

续表

特征点	下丝 上丝 尺间隔 l	中丝 i	水平角 β	竖盘读数 L	竖直角 α	平距	高程	备注

实训五　建筑基线的调整

一、实训目的和要求

（1）熟悉经纬仪或全站仪的操作。

（2）掌握建筑基线的轴线点的调整方法。

二、能力目标

掌握建筑基线精确测量方法,学会校核与调整精度。

三、仪器和工具

经纬仪 1 台、测钎 2 个、皮尺 1 卷、三角板 1 个、记录板 1 块、计算器 1 个（或全站仪 1 台、棱镜 2 个、三角板 1 个、计算器 1 个）。

四、实训任务

根据图 2-5-1，每组调整好一个有 5 个轴线点的"十"字形建筑基线。

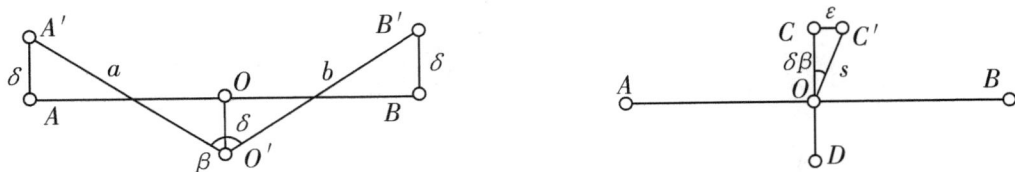

图 2-5-1　调整建筑基线

五、要点与流程

(1)要点。

要精确测量角值，并注意归化值的方向。

(2)流程。

粗略定出长主轴线点 A、O、B→调整 A、O、B 的位置→O 点架仪定出短轴线点。图 2-5-1 中各参数之间的关系如下式。

$$\delta = \frac{ab}{2(a+b)}\frac{1}{\rho}(180° - \beta), \quad \varepsilon = \frac{s\Delta\beta}{\rho}$$

六、应交成果

(1)水平角 β、$\angle AOC$ 的测量记录,见表 2-5-1。

表 2-5-1 测量记录表

日期:＿＿＿＿＿ 天气:＿＿＿＿＿ 仪器型号:＿＿＿＿＿ 组号:＿＿＿＿＿

观测者＿＿＿＿＿ 记录者:＿＿＿＿＿ 立棱镜者:＿＿＿＿＿

测点	盘位	目标	水平度盘读数/ (° ′ ″)	水平角 /(° ′ ″)		示意图
				半测回值	一测回值	

(2)水平距离 a、b、s 测量记录。

直线 a:第一次 ＝ ＿＿＿＿＿＿＿＿ m,第二次 ＝ ＿＿＿＿＿＿＿＿ m,平均 ＝ ＿＿＿＿＿＿＿＿ m。

直线 b:第一次 ＝ ＿＿＿＿＿＿＿＿ m,第二次 ＝ ＿＿＿＿＿＿＿＿ m,平均 ＝ ＿＿＿＿＿＿＿＿ m。

直线 s:第一次 ＝ ＿＿＿＿＿＿＿＿ m,第二次 ＝ ＿＿＿＿＿＿＿＿ m,平均 ＝ ＿＿＿＿＿＿＿＿ m。

(3)计算调整。

经计算得:δ＝＿＿＿＿＿＿＿＿ mm,ε＝＿＿＿＿＿＿＿＿ mm。

第二部分　综合实训部分

一、综合实训目的

(1)教学综合实训是建筑工程测量教学的一个重要环节,其目的是使学生在获得基本知识和基本技能的基础上,进行一次较全面、系统的训练,以巩固课堂所学知识及提高操作技能。

(2)培养学生独立工作和解决实际问题的能力。

(3)培养学生严肃认真、实事求是、一丝不苟的实践科学态度。

(4)培养学生吃苦耐劳、爱护仪器用具、相互协作的职业道德。

二、综合实训任务和要求

(1)测绘图幅为 50cm×50cm,比例尺为 1/1000(或 1/500)的地形图一张。

(2)在本组所测的地形图上布设一幢建筑物,并根据建筑物的平面位置设计一条建筑基线,要求计算出测设建筑基线和建筑物外廓轴线交点的数据,将它们测设于实地,并作必要检核。

三、综合实训组织

综合实训期间的组织工作,由指导教师负责。

综合实训工作按小组进行,每组4~5人,选组长1人,负责组内综合实训分工和仪器管理。

四、综合实训内容及时间安排

综合实训内容及时间安排如表 3-1。

表 3-1		综合实训内容及时间
综合实训内容	时间/d	备注
①综合实训动员、借领仪器用具、仪器检验、踏勘测区	1	做好测量前的准备工作，对水准仪、经纬仪进行检验
②控制测量外业	3	图根导线测量、图根水准测量
③控制测量内业计算与展点	1	
④地形图测绘	3	碎部测量、地形图检查与整饰
⑤地形图应用	0.5	设计建筑物与建筑基线并算出测设数据
⑥测设	1	测设建筑基线并对建筑物进行定位
⑦整理综合实训报告	0.5	

五、每组配备的仪器用具

经纬仪 1 台，水准仪 1 台，小平板仪 1 台，钢尺 1 把，水准尺 2 支，尺垫 2 个，花杆 3 根，测钎 1 组，记录板 1 块，比例尺 1 把，量角器 1 个，三角板 1 副，锤子 1 把，木桩若干，伞 1 把，红漆 1 瓶，绘图纸 1 张，有关记录手簿、计算纸，计算器，橡皮及铅笔等。

六、综合实训注意事项

(1)组长要切实负责，合理安排，使每人都有练习的机会，不要一味追求进度;组员之间应团结协作,密切配合,以确保综合实训任务顺利完成。

(2)综合实训过程中,应严格遵守《测量实训须知》中的有关规定。

(3)综合实训前要做好准备,随着综合实训进度阅读"综合实训指导"及教材的有关章节。

(4)每一项测量工作完成后,要及时计算、整理观测成果。原始数据、资料、成果应妥善保存,不得丢失。

七、综合实训内容及技术要求

1.水准仪、经纬仪的检验与校正

(1)水准仪的检验与校正。

①圆水准器轴平行于仪器竖轴的检验与校正:气泡无明显偏离。

②十字丝中丝垂直于仪器竖轴的检验与校正:标志点无明显偏离十字横丝。

③水准管轴平行于视准轴的检验与校正:$i < \pm 20''$。

$$i = \frac{a_2 - a_2'}{D_{AB}}\rho$$

(2)经纬仪的检验与校正。

①水准管轴垂直于仪器竖轴的检验与校正:水准管气泡偏移值都在一格以内。

②十字丝竖丝垂直于横轴的检验与校正:标志点无明显偏离十字竖丝。

③视准轴垂直于横轴的检验和校正:$c = \frac{B_1 B_2}{4D}\rho$。若 $c > 60''$,则需要校正。

④横轴垂直于仪器竖轴的检验:若 A、B 之间的距离大于 $5mm$,则需要校正。由于横轴校正设备密封在仪器内部,该项校正应由仪器维修人员进行。

⑤指标差的检验与校正:当竖盘指标差 $x>1'$ 时,则需校正。

2. 大比例尺地形图的测绘

(1)平面控制测量。

在测区实地踏勘,布设一条闭合导线,经过观测、计算获得控制点平面坐标。

①踏勘选点。

每组学生在指定测区内进行踏勘,了解测区地形条件,按踏勘选点要求,选定 4~5 点。选点时应注意:相邻点间应通视良好,地势平坦,便于测角和量距;点位应选在土质坚实,便于安置仪器和保存标志的地方;导线点应选在视野开阔的地方,便于碎部测量;导线边长应大致相等,其平均边长应符合技术要求;导线点应有足够的密度,分布均匀,便于控制整个测区。

②建立标志。导线点位置选定后,应建立标志,在点位上打一个木桩,在桩顶钉一小钉,作为点的标志;也可在水泥地面上用红漆画一个圆圈,圈内点一小点,作为临时性标志。

③水平角观测。用测回法观测导线内角一个测回,要求上、下两半测回角值之差不超过 $\pm40''$,闭合导线角度闭合差不超过 $\pm60''\sqrt{n}$。

④导线边长测量。用钢尺往、返丈量导线各边边长,其相对误差不超过 1/3000,特殊困难地区限差可放宽为 1/1000。

⑤测定起始边的方位角。为了使控制点的坐标有统一坐标系统,尽量与测区内外已知高级控制点进行连测。对于独立测区,可用罗盘仪测定起始边的磁方位角,方法为:用罗盘仪测定直线的磁方位角时,先将罗盘仪安置在 1 点,对中、整平。松开磁针固定螺丝放下磁针,再松开水平制动螺旋,转动仪器,用望远镜瞄准 2 点所立标志,待磁针静止后,其北端所指的度盘读数,即为 12 边的磁方位角(或磁象限角)。并假定 1 点的坐标值(如 $x_1=500.000\text{m}$,y_1

＝500.000m)作为起始数据。

⑥平面坐标计算。根据起始数据和观测数据,计算各平面控制点的坐标。

(2)高程控制测量

高程控制点可布设在平面控制点上,形成一条闭合水准路线,经过观测、计算,求出各控制点的高程。

①水准测量。图根水准测量,用 DS3 水准仪,采用两次仪器高度法进行观测,同测站两次高差之差不超过±5mm,水准路线高差容许闭合差为:

$$W_{hp} = \pm 40 \sqrt{L}$$

$$W_{hp} = \pm 12 \sqrt{n}$$

②高程计算。假定 1 点的高程(如 $H_1 = 10.000$m),调整高差闭合差,计算出各控制点的高程。

(3)碎部测量。

首先进行碎部测量前的准备工作,在各图根控制点上测定碎部点,同时描绘地物和地貌。

①准备工作。选择较好的图纸,用对角线法绘制坐标格网,格网边长10cm,并按要求进行检查。展绘控制点,并按要求进行检查。

②碎部测量。采用经纬仪测绘法进行碎部测量。将经纬仪安置在控制点上,测绘板安置于测站旁,用经纬仪测出碎部点方向与已知方向之间的水平夹角;再用视距测量法测出测站到碎部点的水平距离及碎部点的高程;然后根据测定的水平角和水平距离,用量角器和比例尺将碎部点展绘在图纸上,并在点的右侧注记其高程。然后对照实地情况,按照地形图图式规定的符号绘出地形图。

③地形图的检查和整饰。

a.地形图的检查。在测图中,测量人员应做到随测随检查。为了确保成图的质量,在地形图测完后,必须对完成的成图资料进行严格的自检和互检。

图的检查可分为室内检查和室外检查两部分。Ⅰ.室内检查的内容有图面地物、地貌是否清晰易读,各种符号、注记是否正确,等高线与地貌特征点的高程是否相符等。Ⅱ.野外检查是在室内检查的基础上进行重点抽查。检查方法分巡视检查和仪器检查两种。巡视检查时应携带测图板,根据室内检查的重点,按预定的巡视检查路线,进行实地对照查看。主要查看地物、地貌各要素测绘是否正确、齐全,取舍是否恰当。等高线的勾绘是否逼真,图式符号运用是否正确等;仪器设站检查是在室内检查和野外巡视检查的基础上进行的。除对发现的问题进行补测和修正外,还要对本测站所测地形进行检查,看所测地形图是否符合要求,如果发现点位的误差超限,应按正确的观测结果修正。仪器检查量一般为10%。

b.地形图的整饰。原图经过检查后,还应按规定的地形图图式符号对地物、地貌进行清绘和整饰,使图面更加合理、清晰、美观。整饰的顺序是先图内后图外,先注记后符号,先地物后地貌。最后写出图名、比例尺、坐标系统、高程系统、施测单位、测绘者及施测日期等。如果是独立坐标系统,还需画出指北方向。

3.地形图的应用

测图结束后,每组在自绘的地形图上进行设计。

(1)在地形图上布设民用建筑物一幢,并标注出建筑物外墙轴线交点的设计坐标及室内地坪标高。

(2)为了测设建筑物的平面位置,在地形图上布设一条与建筑物主轴线平行的"一"字形建筑基线。

(3)如果利用原有建筑物测设建筑基线,从地形图上量出它们之间的位置关系,以便进行测设;如果根据控制点,采用极坐标法测设建筑基线,需在地形图上用图解法,求出基线点的坐标,再计算测设数据。

4.测设

(1)测设建筑基线。利用原有建筑物或根据附近已有控制点测设建筑基线。

(2)测设民用建筑物。将建筑物外廓各轴线交点测设在地面上,作出标志并进行检查,其误差应在容许范围内。

八、编写综合实训报告

综合实训报告要在综合实训期间编写,综合实训结束时上交。编写格式如下。

(1)封面:综合实训名称、地点、起止日期,班级、组别、姓名。

(2)前言:说明综合实训的目的、任务及要求。

(3)内容:综合实训的项目、程序、方法、精度要求及计算成果。

(4)结束语:综合实训的心得体会、意见和建议。

九、应交成果

(1)每组应交成果。

①水平角观测记录、水平距离观测记录及水准测量观测记录。

②碎部测量观测记录。

③地形图一张。

(2)个人应交成果。

①闭合导线坐标计算表及水准测量成果计算表。

②建筑基线和建筑物测设数据计算资料。

③综合实训报告。

附录　测量实训成绩考核

一、仪器操作考核

（1）水准仪操作考核。

水准仪操作考核标准见附表1。

附表1　水准仪操作考核标准

内容	要求	评分标准				不及格（其中一项）
		优	良	中	及格	
安置仪器	高度适中，架头大致水平	$t<$ 3mim，且全部达到要求	3min$<t$ $<$ 4min，且全部达到要求；或 $t<$3min，但有视差现象，或仪器安置不合适，或气泡符合不精确	4min$<t<$ 6min，且全部达到要求；或 3min$<t$ $<$ 4min，但有视差现象，或仪器安置不合适，或气泡符合不精确	4min$<t$ $<$ 6min，但有视差现象，或仪器安置不合适，或气泡符合不精确，或计算偶尔出错，字迹一般，偶尔涂改	① $t>$ 6min；②气泡偏离大于1格；③符合水准气泡不吻合；④观测程序错误；⑤计算经常出错、字迹潦草；⑥两次高差之差大于6mm
粗略整平	气泡偏离小于1格					
瞄准目标	目标清晰准确，无视差					
精确整平	符合水准气泡吻合					
两次仪高法进行一个测站的观测	观测程序正确					
记录、计算	记录、计算正确					
限差	两次高差之差小于6mm					

注：t 为操作时间。

（2）经纬仪操作考核

经纬仪操作考核标准见附表2。

附表2　　　　　　　　　　　　　　　经纬仪操作考核标准

内容	要求	评分标准				
		优	良	中	及格	不及格（其中一项）
安置仪器	高度适中，架头大致水平	$t<$ 6mim，且全部达到要求	6min$<t$ $<$ 8min，且全部达到要求；或 $t<$6mim，但有视差现象	6min$<t<$8min，且全部达到要求；或 8min $<$ $t<$10min，但有视差现象	8min$<t$ $<$ 10min，但有视差现象	① $t>$ 10min；② 对中误差不小于3mm；③ 气泡偏离大于1格；④ 观测程序错误；⑤ 记录、计算结果错误；⑥ 上下半测回互差大于40″
对中	对中误差不大于3mm					
整平	气泡偏离小于1格					
瞄准目标	目标清晰准确，无视差					
测回法观测水平角一测回	观测程序正确					
记录、计算	记录、计算结果正确，字迹端正整洁					
限差	上下半测回互差不大于40″					

注：t 为操作时间。

二、成绩的综合评定

实训成绩的综合评定是根据学生仪器操作能力、分析问题和解决问题的能力、所交资料及仪器和工具爱护情况、实训日记和实训报告、仪器操作考核成绩、出勤情况、实训过程中的口试情况、团队精神等各种情况进行综合评定。

成绩评定分为优、良、中、及格、不及格。

凡仪器操作考核有一项不及格、无故缺勤超过1d、伪造原始观测数据、未交成果资料和实训日记、严重损坏仪器工具者,其成绩均作不及格处理。